# TECHNIKA

## BÜCHER DER PRAXIS

### HERAUSGEGEBEN VON DR. SACHTLEBEN

BAND 3

# DER KOMPOST

## IN DER BÄUERLICHEN WIRTSCHAFT

VON

ALWIN SEIFERT

MIT 14 ABBILDUNGEN

VERLAG VON R. OLDENBOURG

MÜNCHEN 1950

Die Zeichnungen stammen von Prof. Wilhelm Petersen, Elmshorn,
Dipl.-Ing. Grete Ferber, München und Eduard Steiner, München

Copyright 1950 by R. Oldenbourg, München
Druck: Dr. F. P. Datterer & Cie., Freising
Buchbinder: R. Oldenbourg, Graphische Betriebe G. m. b. H., München

# VORWORT

Diese Kompostfibel ist aus ganz bestimmtem Anlaß auf Bitte von Bauern und Landwirten entstanden.

Ich selber mache Kompost seit 1930, zuerst falsch, wie die meisten Gärtner, bis ich das schöne Verfahren meines biologisch-dynamisch arbeitenden Freundes Max K. Schwarz in Worpswede kennenlernte. Das erprobte ich in etwas vereinfachter Form im eigenen Garten und auf allen meinen Baustellen, baute es für landwirtschaftsferne Verhältnisse um und wendete es in dieser Art beim Bau der Autobahnen an. Zum erstenmal in der Geschichte der Technik begann der Bau größter technischer Werke mit der Herstellung von Kompost — und in welchen Mengen! Denkt man sich die über ganz Deutschland und halb Österreich hin aufgesetzten Haufen aneinandergereiht, so ergeben sie eine Kompostmiete, die durch die ganze Länge von Bayern reicht, von Garmisch bis Coburg. Ich glaube daher mitreden zu dürfen.

Daneben lernte ich bäuerliche und Gutsbetriebe kennen, in denen die durch viehlose Wirtschaft völlig heruntergekommenen Böden innerhalb zweier Jahre mittels allerdings großer Mengen von Kompost wieder in Ordnung gebracht worden waren, oder wo nichtseuchenhafte völlige Sterilität einer hochgezüchteten Viehherde, gegen die der Tierarzt kein Mittel mehr wußte, als Folge der Umstellung auf Kompostdüngung von selbst ausheilte mit einer gleichzeitigen Steigerung der Milchleistung, die vorher schon 4060 Liter betrug. In beiden Fällen hatten die Betriebsleiter durch nichts weiter als Aufmerksamkeit auf Abfälle, die für gewöhnlich verloren gehen, Kompostmengen zusammengebracht, die ein Vielfaches des Anfalls von Stallmist betrugen.

Ich sprach über diese Dinge mit jedem vernünftigen Bauern, der mir unterkam, besonders in Tirol und Salzburg, wo ich neben meiner Arbeit am Straßenbau und an der Wasserkraftplanung einen guten Einblick in die Nöte, aber auch in die Sünden der Bergbauernwirtschaft und des alpenländischen Waldbaus gewinnen konnte. Als mir einmal ein großer Bauer aus dem Zillertal — wo ich bis dahin noch gar nicht gewesen war — sagte: „Wenn ich Ihnen zuhör, mein ich, ich hör meine Mutter reden", da wußte ich, daß ich auf dem richtigen Weg war.

Als ich meine Arbeit über Wesen und Herkunft des alpenländischen Flachdachhauses für den Raum nördlich des Alpenhauptkammes abgeschlossen hatte, verlegte ich meine Tätigkeit in das Gebiet zwischen Brenner und Apennin, um hinter Wesen und Abstammung des Bauernhauses in Südtirol zu kommen. Da sah ich im November 1944 auf der Straße von Franzensfeste am Eisack nach Bruneck im Pustertal, wie ein Straßer das letzte Herbstlaub der Straßenbäume fein säuberlich zusammenkehrte und jedes Häuflein anzündete und verbrannte. (In Deutschland war inzwischen in einer Dienstanweisung über die Pflege und Ergänzung der Grünflächen an Reichs- und Landstraßen den Straßenmeistern und Straßenwärtern die Herstellung von Kompost zur Pflicht gemacht worden.) Und im Frühjahr 1945 sah ich auf dem Weg von Jenesien nach Bozen herunter einen Bauern, der einen großen Haufen Dreschabfälle in das trockene Bachbett hinter seinem Hof warf, damit es der nächste Gewitterregen den Berg hinunter in Eisack und Etsch schwemme.

Am Abend dieses Tages sprach ich in Bozen mit den mir befreundeten nord- und südtiroler Bauernführern und akademischen Landwirten darüber, daß die trockenen und steilen Südtiroler Böden doch schon humusarm genug wären — die Hänge des großen Brixener Talkessels kommen mir geradezu ausgehagert vor, die nördliche Talseite des Vintschgaues ist es schon seit Jahrhunderten —, als daß man noch zusehen dürfte, wie Unverstand die Quelle einer Erneuerung der Bodenfruchtbarkeit nicht auf die Äcker führt, sondern den Berg hinunterlaufen läßt, um die Lagunen am Adriatischen Meer zu düngen. Die Antwort war die Bitte, eine Kompostfibel für die tiroler Bauern zu schreiben. Das mußte ich ablehnen, denn ich bin kein Landwirt. Ich konnte aber auch niemand anderen nennen, der eine solche Fibel hätte abfassen können. Das war an einem Freitag Abend.

Auf der schwierigen Heimfahrt nach München packte mich die Aufgabe; ich schrieb die Fibel in einem Guß nieder und lieferte sie druckfertig am folgenden Freitag in Innsbruck ab, zur großen Überraschung der Tiroler, die nicht gewohnt waren, daß einer ein Versprechen hält, das er gar nicht gegeben hat, und dann noch so schnell.

Von der Fibel sollten 25 000 Stück gedruckt werden, weil jeder Bauer in Nordtirol, Vorarlberg und Südtirol sie umsonst bekommen sollte. Als ein Vertreter der Landesbauernschaft Bayern von diesem Plan hörte, bestellte er 15 000 Abdrucke, einer von der Landesbauernschaft Salzburg 5000, ohne den Verfasser oder den Inhalt der Fibel zu kennen — für so wichtig hielten sie jede praktische Anweisung auf diesem Gebiet, das von der landwirtschaftlichen Lehre und Praxis bisher nicht bearbeitet worden ist.

6

Nun — die tiroler Setzer und Drucker waren langsamer als die französischen, amerikanischen und britischen Soldaten, die das Land von Westen und Süden her besetzten; die Fibel blieb ungedruckt. Im Sommer 1945 arbeitete ich sie um in ein bairisch-bäuerliches Deutsch als „Kompostfibel für den baierischen Bauern", der immerhin den Raum von Augsburg bis jenseits Wien, von Weiden in der Oberpfalz bis Salurn an der Etsch bewohnt. Mehr als jemals vorher hatte ich dann Gelegenheit, mit vielen bairischen und schwäbischen Bauern Arbeit und Sorgen des Landbaus zu besprechen, und hörte manches, was der Landwirtschaftsrat nicht erfährt, wenn er mit dem Bauern nicht so sprechen kann, daß dieser meint, er höre seine alte Mutter reden.

Bei meinen Arbeiten zur Hausmull- und Abwasserverwertung lernte ich die Ergebnisse der neuesten holländischen und deutschen Humusforschung kennen, die Erfolge englischer Kompost-Dauerversuche, die Ergebnisse der wissenschaftlichen Kompost- und Düngerforschungen von Dr. h. c. E h r e n f r i e d  P f e i f f e r auf seiner Versuchsfarm in Chester N.Y. und als wichtigste die letzten Arbeiten von Prof. W. L a a t s c h in Hamburg. Diesem ist es gelungen, das Wesen des Dauerhumus zu erklären, seine chemische Konstitutionsformel und die Gesetze seiner Entstehung anzugeben. Damit wurde die Richtigkeit des von meinen Freunden und mir seit so langer Zeit schon angewendeten Kompostverfahrens „neuer Art" auch wissenschaftlich bestätigt und die Ursache unserer Erfolge erklärt. Das veranlaßte mich, die Fibel noch einmal ganz neu aufzustellen und sie dabei aus dem Nurbäuerlichen ein wenig herauszuheben.

Es ist in ihr die Rede von dem schweren Druck, den das große Maß der Viehkrankheiten und der Bodenerkrankungen auf die deutsche Landwirtschaft ausüben. Die ersteren werden zugegeben, und man liest ab und zu, wieviel Hunderte von Millionen die jährlichen Verluste der englischen wie der deutschen Viehwirtschaft allein durch Tuberkulose betragen; die durch seuchenhafte und nichtseuchenhafte Sterilität verursachten Schäden sind in diesen astronomischen Zahlen noch gar nicht enthalten. Von Erkrankungen der deutschen Böden wissen aber selbst Fachleute erstaunlich wenig. Daß während des Krieges darüber nichts an die Öffentlichkeit kommen durfte, ist verständlich; daß es auch heute nicht geschieht, hat seine Gründe. Prof. Dr. K u r o n von der landwirtschaftlichen Fakultät der Universität Berlin erklärte in einem Vortrag auf der Arbeitstagung für lebende Verbauung im Juni 1941 in Admont in der Steiermark, er habe den Auftrag bekommen, nach kranken Böden in Brandenburg, Mecklenburg und Pommern zu suchen. Das Ergebnis seiner Untersuchungen sei gewesen, daß der Auftrag hätte lauten müssen, noch gesunde Böden zu suchen; denn fast alle seien krank, was er durch Lichtbilder eindrucksvoll beweisen konnte. Kurz vor Kriegsende versuchte Prof. Dr. S e k e r a von der Hochschule für Bodenkultur in Wien durch die Einrichtung eines bäuerlichen Bodengesundheitsdienstes den Bauern zu zeigen, wie die im übrigen Deutschland weitverbreiteten Bodenverdichtungen als Folge falschen, das heißt, in der Regel zu tiefen Pflügens und falscher Fruchtfolge geheilt werden könnten. Beide Forscher sind sich darüber klar, daß die Wiederherstellung eines ausreichenden Gehalts der Böden an echtem Humus die unerläßliche Voraussetzung zur Gesundung ist. Das Nachlassen der Bodenerträge ist also keineswegs nur eine Folge des Fehlens ausreichender Kunstdüngergaben.

Auch nach dem kleinen Weltkrieg wurden die Vorkriegsernten wieder erzielt nicht dann, als es wieder genügend Kunstdünger gab, sondern erst, als der Viehstand wieder die alte Höhe erreicht hatte. Das wird sich nun abermals zeigen. Jetzt aber zwingt die Notwendigkeit, die deutsche Landwirtschaft widerstandsfähig zu machen gegen den Wettbewerb des Auslands, dazu, den Viehstand knapp zu halten. Um so notwendiger ist dann jeder Hinweis, wie dem verringerten Stallmist vermehrte Wirkung gegeben und wie im wirtschaftseigenen Kompost der übrige Teil der Humusdüngung gewonnen werden kann, ohne die kein Betrieb wieder gesund wird. Solche Hinweise sind in der hier vorliegenden Kompostfibel enthalten. Die amerikanischen Farmer fahren 1000 Meilen weit zu Dr. E. P f e i f f e r, um seine Kompost- und Düngerbehandlung kennen zu lernen; die deutschen Bauern sollen es etwas leichter haben.

M ü n c h e n 42, im August 1948.

Prof. A l w i n S e i f e r t.

# DER KOMPOST
## IN DER BÄUERLICHEN WIRTSCHAFT

Immer dann, wenn der Kunstdünger knapp ist oder wenn es gar keinen gibt, immer dann wird dem Bauern gesagt, er solle die aus der eigenen Wirtschaft kommenden Düngerarten besser pflegen und möglichst viel davon herstellen. So wurde ihm auch jetzt wieder seit Jahren gepredigt, er müsse nicht nur seinen Stallmist recht mit Sorgfalt behandeln und dürfe keine Jauche davonlaufen lassen, sondern er solle auch viel Kompost machen. Was aber gerade diesen angeht, so haben die Prediger nicht viel Erfolg gehabt mit ihrem Reden und Schreiben, und zwar deswegen, weil kaum einer von ihnen wußte, wie man wirklich guten Kompost macht. Was einer aber selber nicht kann oder mindestens nicht tut, das kann er auch einem anderen nicht beibringen. So warten halt die Bauern seit Jahr und Tag darauf, daß es wieder genug Kunstdünger gibt; sie meinen, wenn sie nur wieder zum Lagerhaus fahren können und alles dort vorfinden, was zu einer richtigen Volldüngung gehört — nicht bloß Kalkstickstoff —, dann würden die Mangel- und Krankheitserscheinungen auf Acker und Wiese von selber verschwinden und auch im Stall wieder mehr Gesundheit einziehen.

Sie werden aber feststellen müssen, daß die Krankheiten, unter denen die deutsche Landwirtschaft in stets steigendem Maße leidet: einerseits Verdichtung, andrerseits Verwehung und Abschwemmung der Böden; Überhandnehmen des Unkrauts, der Schädlinge, der Pflanzenkrankheiten; zunehmende Anfälligkeit fast aller Kulturpflanzen für immer mehr und immer neue Krankheitserreger; die Tuberkulose im Stall und die bedrohlich zunehmende seuchenhafte und nichtseuchenhafte Unfruchtbarkeit, die es gar nicht mehr dazu kommen läßt, daß eine Kuh noch acht oder zehn oder zwölf Kälber bekommt, wie früher — sie werden feststellen müssen, daß diese Krankheiten durch Kunstdünger nicht zu beheben sind. Deshalb sei ihnen gleich jetzt gesagt, daß Kompost nicht ein Ersatz für Kunstdünger sein soll und auch gar nicht sein kann. Im Gegenteil: erst auf der Grundlage einer guten Kompostwirtschaft kann der Kunstdünger seine volle Wirkung tun. Mehr als ein Bauer aber wird schon in naher Zukunft feststellen, daß unter den Bedingungen, unter denen die deutsche Landwirtschaft wird arbeiten müssen, sich starke Kunstdüngergaben nicht mehr bezahlt machen. Für eine solche Stunde der Nachdenklichkeit ist diese Kompostfibel bestimmt; sie soll einen Ausweg zeigen aus mancher Not, in der der Bauer heute steckt und in die er noch kommen wird.

Wenn heute viele sagen: So kann es nicht mehr weitergehen, dann wissen sie gar nicht, wie recht sie haben. Sie meinen zumeist Äußerliches, das sich ändern muß, wenn das Leben wieder Sinn oder gar Freude haben soll. Es geht aber noch viel mehr um Inneres, um die innere Einstellung zu Dingen und Geschehen, die anders werden muß, wenn man den Notwendigkeiten von heute und morgen gerecht werden will. Für ein solches Umlernen auch in der Landwirtschaft ist die Zeit angebrochen.

Es sind jetzt gerade hundert Jahre her, daß der Chemiker J u s t u s L i e b i g , der sich immer gerühmt hat, niemals mit Landwirtschaft etwas zu tun gehabt zu haben, daß also dieser Chemiker L i e b i g die Düngerwirtschaft des ganzen deutschen Landbaus umstoßen konnte, weil er bewies: Pflanzen lassen sich nicht nur mit natürlichem Dünger ernähren, wie man es auf der ganzen Erde seit soviel tausend Jahren getan hat, sondern auch mit einer Auflösung von gewissen mineralischen Salzen in Wasser, nämlich mit Verbindungen von Kali, Stickstoff und Phosphor. Daraus ist dann die künstliche Düngung geworden, die ganze Wissenschaft dazu und die großartige und großmächtige Industrie, die dahinter steht. N — P — K, dazu noch Kalk, das wurde das neue A b c der Landwirtschaft und des Gartenbaus.

Bis auf die Zeiten von L i e b i g hat man geglaubt, der Humus wäre die Grundlage für alle Fruchtbarkeit im Ackerboden. A l b r e c h t v. T h a e r , ein Vorläufer und Zeitgenosse L i e b i g s , war der letzte große wissenschaftliche Vertreter dieser Meinung. Diese aber hat sich nicht mehr halten können gegen die neue Vorstellung, daß die Höhe der Ernte, die man von einem Ackerboden bekommt, nur davon abhängt, wieviel von den sogenannten Kernnährstoffen: Stickstoff, Kali, Phosphor und Kalk die Pflanze in ihm vorfindet. Es gelten aber alle Schulmeinungen immer nur eine begrenzte Zeit; ewige Wahrheiten sind auch unter ihnen selten. Es ist also ganz natürlich, wenn die bequeme Ansicht, man brauche nur tief genug in den Düngersack zu greifen, um allzeit gleichmäßig hohe Erträge zu haben, seit einiger Zeit immer mehr zersetzt wird von der Erkenntnis, daß die Sachen doch nicht so einfach liegen.

Immer mehr Beweise werden dafür erbracht und von immer mehr Seiten, daß der Träger der Fruchtbarkeit eines Ackerbodens viel weniger sein Gehalt an den mineralischen Nährstoffen ist, den man

10

so leicht aus dem Lagerhaus ergänzen kann, als vielmehr der Bestand an kleinen, ganz kleinen und allerkleinsten Lebewesen, angefangen vom Regenwurm über Asseln und Larven alles möglichen Geziefers, über Milben, Springschwänze, Fadenwürmer und so fort bis hinunter zu den Strahlpilzen, Grün- und Blaualgen und Bakterien, die man nur im Mikroskop sehen kann. Leben kommt eben doch nur von Leben-

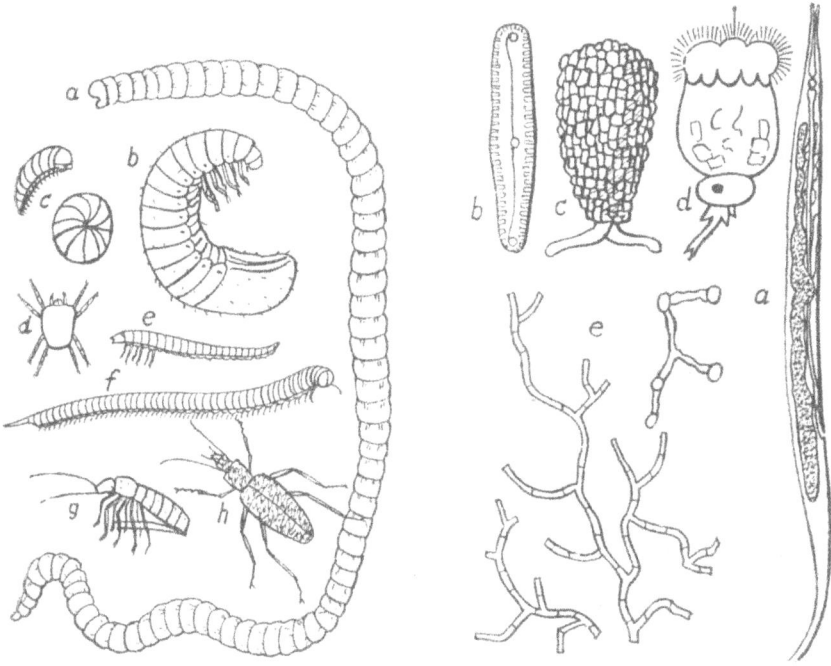

Bodentiere (zum Teil vergrößert): a) Regenwurm; b) Engerling; c) Asseln; d) Milben; e) Drahtwurm; f) Tausendfüßler; g) Springschwanz; h) Laufkäfer.

Bodenorganismen (sehr stark vergrößert): a) Wurzelälchen; b) Kieselalge; c) beschalte Amöbe; d) Rädertierchen; e) Strahlpilz.

digem, nicht von toten mineralischen Salzen. Je lebendiger es innen in einem Boden ist, um so mehr Leben kann auch über ihm gedeihen, um so mehr gibt er Futter und Ernte. Es hat einmal ein Amerikaner ausgerechnet, daß auf einer Wiese genau soviel Gewicht an Rindvieh ernährt werden kann, als Gewicht an Regenwürmern und anderem Getier unter der Wiese im Boden lebt.

Diese ganze Welt von allerkleinsten Tieren und Pflanzen kann aber nur gedeihen in einem ganz milden, bröseligen, durchlüfteten, warmfeuchten Humus. 'Je reicher das Bodenleben ist an Arten wie an Zahl — in einer Hand voll guter Gartenerde sind es viele Millionen —,

11

um so fruchtbarer ist der Boden, um so widerstandsfähiger ist er auch gegen alle Angriffe von wehendem Wind und fließendem Wasser. Wenn in einem Ackerboden durch falsche Behandlung, zum Beispiel durch zu tiefes Pflügen, das Bodenleben zu einem großen Teil abgestorben ist, dann hilft ein noch so großer Gehalt an den mineralischen Nährstoffen gar nichts. Der ist dann nur noch ein totes vergrabenes Kapital, das Ertrag abwerfen kann nur in dem Maß, in dem es gelingt, die Bodenlebewelt wieder zum ganzen Reichtum und zur vollen Lebendigkeit zurückzubringen. Schon die Bildung einer Pflugsohle beweist, daß es dem Boden an Humus fehlt und daß er mit diesem einen Teil seiner Lebendigkeit und damit auch seiner Fruchtbarkeit verloren hat. Wenn er vom Wind verweht, vom Regenwasser abgeschwemmt werden kann, so hat das die gleiche Ursache.

Man muß in diesen Dingen nicht nur halb umzudenken lernen, sondern ganz. Bisher war es Gesetz: es muß dem Boden alles an Nährstoffen zurückgegeben werden, was man mit jeder Ernte von ihm wegnimmt. Der Ackerboden braucht aber zur Erzeugung dessen, was auf ihm wächst, nicht nur Stoffe,

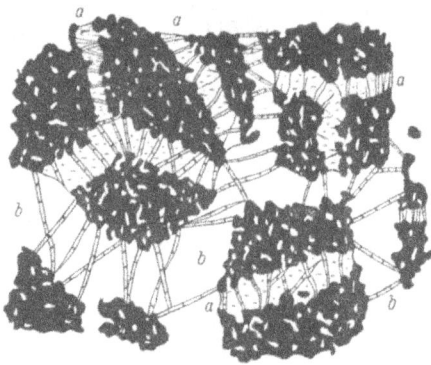

Lockere Bodenkrümel, durch Algen und Schleimpilze zusammengeheftet. Die kleineren Hohlräume a) sind mit Haftwasser, die größeren b) mit Luft gefüllt.

sondern auch Kräfte, und sobald wir mehr von ihm ernten wollen, als er aus eigener Kraft schaffen kann, müssen wir auch diese Kräfte ihm ersetzen, von außen her ihm zuführen. Kräfte aber, wie wir sie hier brauchen, sind nicht in Salzen und nicht im Kalk; die sind nur im Lebendigen, in Stoffen, die vom Leben herkommen und mit Leben durchsetzt sind. Wir haben sie in lebendigem Mist, also in verrottetem, nicht in speckigem und nicht in verbranntem, und in richtig zubereitetem Kompost, in einem Kompost, der erfüllt ist von Milliarden kleinster Lebewesen der richtigen Arten.

Diese Lebewesen haben die Aufgabe, alles, was an absterbenden und an abgestorbenen Pflanzenteilen und an tierischen Massen in den Boden hineinkommt, aufzuarbeiten und in lebendige fruchtbare Muttererde umzuwandeln. Das kann man gut erkennen an einem Beispiel, das man mit bloßen, aber offenen Augen beobachten kann. Jeder hat es schon hundertmal gesehen, aber er hat es versäumt, sich dabei etwas zu denken:

12

Da sind an einem Herbsttag allerhand Blätter von einem Baum gefallen. In der Nacht darauf war es mild und feucht. Am nächsten Morgen sieht man überall im offenen Boden, ja sogar in Wegen und Pflasterfugen Blätter stecken, die zu Tüten, zu kleinen Stranitzen zusammengedreht sind. Zu jeder solchen Blättertüte gehört ein Regenwurm; der hat sie in der Nacht in den Boden gezogen. Was dort angerottet ist, das frißt er; gleichzeitig frißt er auch Erde. Das geht beides durch seinen Leib hindurch und wird auf diesem Wege mit stickstoffhaltigen Drüsensäften und mit allerfeinsten Kalkschuppen vermengt. Das Ergebnis sieht man dann am nächsten Morgen in den kleinen Wurmhäuferln, die nach feuchten Nächten überall oben auf dem Erdboden liegen. In diesen ist Mineralboden mit Pflanzenmasse, mit Kalk und mit hochwirksamen Wuchs- und Vermehrungsstoffen — die sind in den Drüsensäften enthalten — so fein und vollkommen miteinander vermischt, daß sie ein ganz wunderbarer neuer Pflanzennährboden sind, wie man ihn künstlich gar nicht herstellen kann[1]). Diese Wurmerde enthält siebenmal soviel Stickstoff, dreimal soviel Kali, doppelt soviel Phosphor, doppelt soviel Kalk, sechsmal soviel Magnesia wie allerbeste Gartenerde. Das wichtigste aber ist, daß

Die Arbeit des Regenwurms.

der Humus in ihr Dauerhumus ist, also jene Form des Humus, die sich in Jahrzehnten, ja in Jahrhunderten nicht verändert — wenn sie nicht der Mensch zerstörerisch angreift —, die weiterhin die im Boden gelösten Nährstoffe, wissenschaftlich gesagt: die Stickstoff-, Phosphor- und Kali-Ionen, mit ungeheurer Kraft an sich zieht und eisern festhält, so daß sie nicht ausgewaschen werden können, und sie nur an die Härchen der Pflanzenwurzeln weitergibt. Das Geheimnis der hohen und immerwährenden Fruchtbarkeit der Schwarzerdeböden, wie sie in der Magdeburger Börde und in der Ukraine liegen, ist deren reicher Gehalt an solchem Dauerhumus. Dieser ist, chemisch gesehen, eine feste Verbindung von Humussäure mit einer bestimmten Art von Lehm oder Ton (dem Montmorillonit). Nur in lehmigen oder Lößböden gibt es also diese richtige Art von Schwarzerde.

---

[1]) Man muß sich nur einmal die Mühe nehmen und solche Wurmhäuferl in einem Blumenscherben sammeln; staunen wird man, wie da ein Blumenstock drin wächst, wie farbenschön die Blüten werden und wie lange sie sich halten.

Wem es gelingt, gelben oder braunen Ackerboden durch Zufügen von Dauerhumus immer dunkler und schließlich fast ganz schwarz zu machen, der hat damit dauernde Fruchtbarkeit gewonnen. Mit Stallmist und Gründüngung kann man das anscheinend nicht erreichen; denn obwohl nun alle unsere Böden seit mindestens 1½ Jahrhunderten mit Stallmist und seit ein paar Jahrzehnten durch untergepflügte grüne Pflanzenmassen gedüngt werden, sind sie überwiegend immer noch gelb oder braun. Es haben auch alle daraufhin angestellten wissenschaftlichen Versuche ergeben, daß Stallmist innerhalb von drei Jahren aus dem Acker vollkommen wieder ausgewaschen wird. Dauerhumus entsteht eben draußen in der freien Natur nur im Auswurf der Bodentiere. Wer ihn künstlich erzeugen will, der muß versuchen, das Vorbild, das ihm der Regenwurm gibt, nachzuahmen. Der muß sich einen Kunst-Regenwurm schaffen, riesengroß natürlich, so etwa 500fach vergrößert, und in ihm verrottende pflanzliche Substanz, Kalk, Lehm und tierische Stickstoffverbindungen innig aufeinander einwirken lassen. Diesen Mammut-Regenwurm, welcher Dauerhumus und eine höchst fruchtbare, lebendige neue Erde schafft, den gibt es bereits: es ist der Komposthaufen' „neuer Art", dessen Anlage und Pflege wir nun beschreiben wollen.

Dabei geht es nicht nur um die Herstellung von Dauerhumus allein. Die Natur ist auch mit der wunderbaren neuen Pflanzenerde, die sie von ihrem so getreuen Diener und Helfer, dem Regenwurm, herstellen läßt [2]), noch nicht zufrieden. Man kann ab und zu sehen, daß diese Wurmhäuferl wie mit grauen Spinnweben überzogen sind. Das sind Fäden von Pilzen, welche die neue Erde auf ihre Art weiter verarbeiten. Was im Boden die größeren Tiere, die Würmer aller Arten, die Asseln, Tausendfüßler, Drahtwürmer und so weiter im groben zerbissen, zerrieben, zermahlen und verdaut haben, das arbeiten die kleinen und kleinsten Bodenlebewesen immer weiter und immer wieder von neuem um. Sie machen daraus Nährlösung, welche die Pflanzen durch die Wurzelhärchen in sich aufnehmen; sie machen daraus weiterhin Kohlensäure, die aus dem Boden ständig aufsteigt und durch die winzig kleinen Spaltöffnungen auf der Unterseite der Blätter in die Pflanzen wieder aufgenommen wird. Diese stellen aus ihr mit Hilfe der Kräfte des Sonnenlichts Stärke und Zucker und damit neue Pflanzenmasse, neue Ernte her. Stickstoffbakterien holen aus der Bodenluft den freien Stickstoff heran, der zum chemischen Aufbau der Humussubstanzen notwendig ist. Was schließlich von all den vielfältigen Stoffen im Boden verbleibt,

[1]) Ein alter französischer Bauer, der im Krieg 1914—1918 unbekümmert um Artilleriefeuer Wurmerde sammelte und auf seine Blumenbeete gab, sagte: Der liebe Gott weiß, wie man gute Erde macht, und hat das Geheimnis den Regenwürmern gegeben.

das dient als Nährboden für ein dichtes Gespinst von Algen und Pilzfäden. Diese heften die einzelnen Erdbrösel aneinander und halten sie gleichzeitig voneinander entfernt. Eine so vom Bodenleben durchwirkte Acker- und Gartenerde ist locker und luftig, also warm, und sie kann große Mengen von Regen- und Schneewasser festhalten. Der Regen kann sie nicht verschlämmen und verkrusten, das Wasser nicht wegwaschen, der Wind nicht davonwehen. Ein solcher Boden ist rogel, er hat Gare — die Voraussetzung zu aller Fruchtbarkeit, das ersehnte Ziel aller Kunst des Ackerns, Grabens und Düngens.

Unser Mammutregenwurm, der Komposthaufen, soll uns also nicht nur Dauerhumus liefern, sondern er soll auch eine Brutstätte sein von milliardenfachem Bodenleben aller nur denkbaren nützlichen Arten. Mit dem Dauerhumus ersetzen wir die Verluste, die unsere Böden bei dem natürlichen Abbau der Humusstoffe erleiden (und die durch Kalkung, scharfe Düngung und stete Bodenbearbeitung noch künstlich gesteigert werden), und zwar in einer Form, die nicht nur selbst nicht mehr ausgewaschen werden kann, sondern auch alle übrigen löslichen Nährsalze im Boden vor dem Auswaschen schützt. Und mit der „Stammkultur" von Bodenleben impfen wir Acker-, Wiesen- und Gartenböden wie mit Sauerteig und lassen sie ganz richtig „aufgehen".

„Ach was, Kompost", höre ich da mehr als einen erfahrenen Landwirt reden, „den haben die alten Bauern früher auch gemacht. Das dauert ja viel zu lang. Man sieht es ja bei den Gärtnern, daß man den drei- und viermal umsetzen muß. Soviel Arbeitslohn können wir nicht dran wenden. Da fahren wir einfacher zum Lagerhaus und holen, was unsere Böden brauchen."

Nun, mein Lieber, auch Du wirst in den nächsten Jahren mit dem neuen deutschen Pfennig rechnen und nicht mehr soviel zum Lagerhaus fahren. Du wirst Dir bald an den Fingern abzählen können, daß echte Erzeugung und damit echter Verdienst nur das ist, was Dir Dein Hof ohne stete Zubuße von außen her liefert — ganz abgesehen davon, daß Du im Lagerhaus nicht Dauerhumus und nicht Bodenleben kaufen kannst. Daß die bisherige Art der Bauern und der Gärtner, Kompost zu machen, zu langwierig ist und zuviel Arbeit kostet, als daß man sie heute noch durchführen könnte, das ist richtig. Drum wollen wir hier auch von einem neuen Verfahren reden, von einem „Kompost neuer Art", der nur einmal umgesetzt wird und in einem Jahr fertig ist.

Der natürliche Regenwurm lebt im Dunklen, Feuchten; wird es trocken, dann stellt er die Arbeit ein und wartet auf Regen; an der Sonne stirbt er. Auch unser Mammut-Regenwurm kann nur im feuchten Schatten richtig arbeiten. Also legen wir unseren Komposthaufen an eine schattige Stelle mit guter Zufahrt. Denn wir wollen unsern Riesenwurm ja füttern mit viel Planzenabfall, mit lehmiger Erde, mit tierischem Stickstoff und mit Kalk. Das alles soll leicht zu- und leicht wieder abgefahren werden können. Gut ist die Nordseite eines Stadels, gut ein Platz unter Bäumen, am besten ein Streifen Land von ein paar Metern Breite, der sich in allernächster Nähe des Hofes zwischen einem Fahrweg und der Nordseite einer Feldhecke hinzieht.

Dort heben wir eine flache Grube aus von zwei Metern Breite und einer Tiefe von eineinhalb bis zwei Handbreiten. Die Sohle dieser Mulde soll noch in der Muttererde oder in lehmigem Boden liegen; wir dürfen nicht durchgraben bis zum Kies oder Sand. Arbeiten wir in sandigem Boden, dann breiten wir auf den Boden der Grube eine künstliche Sohle von Lehm. Lehm muß sein, das ist Grundregel.

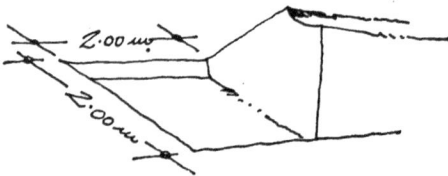

Das Anlegen des Haufens.

Die Erde, die wir abheben, setzen wir nebenan auf kleine Haufen; wir brauchen sie später wieder. Wie lang der Haufen und damit die Grube wird, hängt ab von der Größe des Hofes und dem Können des Bauern; es können zwanzig und können hundert Meter werden. Mit weniger als zehn Metern fangen wir gar nicht an.

In diese flache Grube geben wir nun Pflanzenabfälle. Da wird nun jeder Anfänger fragen: „Woher nehmen und nicht stehlen, und was soll da schon viel zusammenkommen?" So einen Frager müßte man einmal auf einen Hof führen, auf dem schon ein paar Jahre lang eine richtige Kompostwirtschaft geführt wird. Er würde staunen über die Massen an Humusdünger, die da erzeugt werden, mehrfach soviel wie Stallmist, und die entstehen aus lauter Sachen, die anderswo verkommen, weggeschwemmt, weggeweht oder verbrannt werden. Alles, was auf einem Bauernhof erzeugt wird oder von selber heranwächst und was nicht verkauft oder verfüttert oder sonstwie verarbeitet wird, das gehört wieder in den Erdboden zurück als eine Quelle von neuem Bodenleben und damit von neuer Fruchtbarkeit. Das ist zum Beispiel alles Unkraut, Queckenwurzeln, Kartoffelkraut, schlecht gewordenes Heu, mißratenes Silofutter, verfaulte Kartoffeln oder Rüben, alles, was beim Dreschen und Schlachten abfällt, aller Kehricht aus Haus und Hof, alles, was an Laub irgendwo zusammengerecht wird oder zusammengerecht werden

16

könnte, alles Reisig, das kein rechtes Brennholz ist, aller Aushub aus Gräben und Weihern, Graswasen vom Wegrand, alle Abfälle aus der Küche, die nicht richtiges Schweinefutter sind. Schon diese Aufzählung beweist, daß es gar nicht so wenig sein kann, was da zusammenkommt. Was aber ein komposthungriges Bauernauge alles zusammenbringt, dem der Blick für den hohen Wert jedes einzelnen Abfalls aufgegangen ist, das ist ganz erstaunlich, und ebenso erstaunlich die Wirkung, die der in Kompost umgewandelte Abfall auf dem Acker, auf der Wiese und im Obstgarten tut.

Solchen Abfall also, sagen wir: Kartoffelkraut, geben wir in unsere Erdgrube. Wir werfen es nicht auf einen großen Haufen,

Das Aufsetzen des Haufens.

sondern ziehen es mit der Gabel zu einer ebenen Schicht von etwa 20 cm Höhe aus. Die ersten zwei Meter der Grube am Kopfende bleiben leer; warum, das sehen wir noch. Über diese erste Lage von Grünzeug streuen wir dann Kalk, und zwar Branntkalk oder noch besser Ätzkalk, den wir aus gebranntem Kalk mit ganz wenig Wasser zu einem feinen Pulver abgelöscht haben. Wir geben aber nur soviel Kalk auf die Krautschicht, als Zucker auf einem Kuchen ist, ja nicht mehr! Genau gesagt: ein halbes Kilogramm auf den Kubikmeter Grünmasse bei Kalkböden, ein ganzes Kilogramm bei kalkarmen Böden. Wir dürfen uns da kein Beispiel nehmen an den Gärtnern, die ganze Schichten von Kalk in ihre Abfallhaufen werfen. Wir wollen ja „richtigen" Kompost machen, lebendigen Kompost neuer Art!

Mit unserer Gabel klopfen wir auf das Kartoffelkraut, damit sich der aufgestreute Kalk mit der ganzen Lage vermischt. Dann vertauschen wir die Gabel mit der Schaufel und streuen Erde von unseren Vorratshaufen über das Kraut, einen Finger dick. Auch die vermischen wir, so gut es geht, mit dem Grünzeug. War an dem Grünzeug selber schon Erde, waren es etwa Graswasen, dann brauchen wir natürlich nicht noch Erde dazugeben.

Über diese erste, unterste Lage von Kompostmasse kommt bei nächster Gelegenheit eine zweite, auch wieder 20 cm dick, auch mit Kalk eingestaubt und, wenn es notwendig ist, mit einer fingerdicken Schicht lehmiger Erde abgedeckt. So folgt Schicht auf Schicht, jede 20 cm stark, bis der Haufen, der sich dabei langsam zusammensetzt, so etwa einen Meter vierzig hoch ist. Dabei ist jede Lage ein wenig schmäler als die untere, bis der fertige Haufen oben gerade noch einen halben Meter breit ist. Der Komposthaufen neuer Art hat also keine senkrechten Seitenwände wie ein richtig aufgesetzter Misthaufen, sondern schräge; er sieht aus wie eine Kartoffelmiete.

Unser Riesenwurm ist also bisher mit pflanzlichen Abfällen gefüttert worden, mit Lehm und mit Kalk. Wir müssen aber auch für Feuchtigkeit und Luft sorgen. Ist das Zeug, das wir aufsetzen, sehr trocken und ist auf lange Sicht kein Regen zu erwarten, dann müssen wir es mit Wasser annetzen. Zu trockene Kompostmasse wird heiß und schimmelt; zu nasse, in der keine Luft ist, verrottet nicht, sondern fault. Auch dort, wo es viel regnet, wird ein Komposthaufen nur dann zu naß, wenn sehr wasserhaltiges Grünzeug, wie etwa Rübenblätter, dicht aufeinanderliegen. Man bringt dadurch Luft dazwischen,

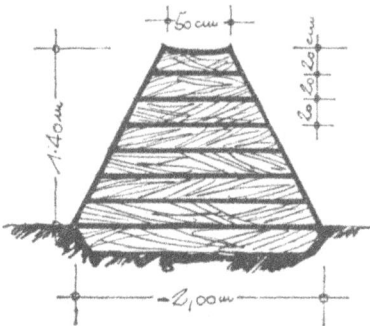

Der Haufen im Querschnitt.

daß man sie mischt mit sperrigen Sachen, etwa Schilf, oder mit kurz gehacktem Reisig. Die Mühe des Kleinhackens muß man sich machen; wir sehen noch, warum.

Der Wurm muß auch eine Haut bekommen: wir decken den Haufen allseits mit einer zweifingerdicken Schicht Erde zu. Diese ist luftdurchlässig; sie läßt den großen Wurm atmen, hält aber doch Stoffe und Kräfte in dem Haufen zusammen.

Die Stickstoffverbindungen und Drüsensekrete, die der echte Regenwurm von sich aus dem Pflanzen-Erde-Kalk-Gemisch in seinem langen Leib zugibt, die müssen wir unserm Mammutwurm von außen her zufügen. Wir mulden die schmale Oberseite des Haufens zu einer seichten Rinne aus und geben da hinein soviel Stalljauche (Odel, Sur), bis der Haufeninhalt ganz mit diesen tierischen Stickstoffverbindungen durchzogen ist, die ja auch aus Drüsen kommen. Es muß tierischer Stickstoff sein, also Jauche, Stallmist, Hornmehl, Blutmehl, Wollstaub usw. Mit mineralisiertem Stickstoff, wie etwa schwefelsaurem Ammoniak, geht es nicht; da bekommt man keinen echten

18

Dauerhumus. Neue wissenschaftliche Forschungen haben hier die Erfahrungen alter Praktiker durchaus bestätigt.

Jetzt hat unser Riesenwurm alles, was er braucht. Nun lassen wir ihm bis zum Frühjahr Zeit und Ruhe, es zu verdauen. Haben wir keinen schattigen Platz für ihn finden können, dann decken wir ihn mit Reisig, Schilf oder Stroh zu. Es ergibt sich aus der ganzen Schilderung von selbst als bestes Verfahren dies, daß man möglichst ein Stück Komposthaufen von fünf oder sechs Metern Länge in einem Arbeitsgang fertig macht und zudeckt. Am offenen Ende wächst der Haufen dann in Teilstücken ähnlicher Länge immer weiter fort.

Nun wird mancher sagen: „Was ich da in den Kompost geben soll, das Laub, das Kartoffelkraut, das Schilf, das brauche ich als Einstreu; von der hab ich sowieso immer zu wenig." Wenn das so ist, mein Lieber, dann ist Dir nicht zu helfen, dann ist auch Dein Hof nicht gesund zu machen. Ein reiner Grünlandbetrieb ist genau so unnatürlich wie ein viehloser. Er muß langsam, langsam verfallen und krank werden, wenn es auch Jahrzehnte dauert. Zuerst wird der Boden krank. Er kann das Übermaß rein tierischer Düngung so wenig vertragen, wie ein Mensch nur von Fleisch leben könnte. Aus einem so gedüngten Boden wandern die Würmer aus — hast Du noch nicht gesehen, wie sie nach dem Odeln oder Güllen an die Oberfläche kommen und sterben? Ist der Boden krank, werden es auch die Pflanzen. Die guten Gräser und Kleearten verschwinden, zuerst der begehrte und berühmte Madaun[3]); es nehmen überhand die groben Kräuter, wie Bärenklau und Wiesenkerbel, die man in Altbayern Scharling nennt, und zwar auch dann, wenn man versucht, die einseitige Stickstoffwirkung durch einen Zusatz von Kunstdünger auszugleichen. Dieses grobe Zeug[4]) nimmt viel Platz weg, hat wenig Futterwert und gar keine Aufbau- und Heilkraft. Bei solchem Futter kann das Vieh nicht gesund bleiben. Wenn es auch nicht direkt krank wird, so ist es doch anfällig und empfänglich für jede Seuche, die es irgendwo in der Gegend gibt. Trotz Luft und Sonne kriegt es Tuberkulose, und schließlich gehen all die heutigen Schwierigkeiten mit der Nachzucht an, Bazillus Bang, Trichonomaden und endlich im besten Fall nichtseuchenhafte Sterilität, die einzig ihre Ursache in solch einseitiger Düngung hat. Auch ein Grünlandbetrieb muß reichliche Einstreu von Stroh haben, und wer es nicht bauen will, der muß es zukaufen, aber das ist kein gesunder Zustand. Es wird die Zeit kommen, daß man in den reinen Grünlandgebieten wieder auf die altger-

---

[3]) Ritzmadaun, Muttern, Mutterkraut (Meum mutellina).
[4]) Seine dicken Wurzeln sind Futter der Wühlmäuse, die in solchen Güllewiesen sich zur Landplage vermehren.

manische Egartenwirtschaft zurückkommt, das heißt, daß man in regelmäßigem Umtrieb das Grünland umbricht und nicht nur Kartoffeln, sondern auch Getreide baut, und das nicht der Körner, sondern des Strohes wegen. Da werden die uralten alpenländischen Getreidearten wieder Urständ feiern, das Einkorn, der rote Tiroler Dinkel und der Zwergweizen, die allein in rauhen Gebirgslagen mit hohen Niederschlägen zum Ausreifen kommen. Man hat zwei Wege zu solchem Ziel: man kann sich in höchster Not, wenn offensichtlicher Untergang den Hof bedroht, zur Umstellung entschließen; man kann dasselbe tun, wenn nur die ersten Anzeichen des Niedergangs sich zeigen. Das kann jeder machen, wie er mag.

Viele werden auch sagen, daß das Kompostmachen viel zu viel Arbeit ist. Das sind aber solche, die die Sache noch nicht kennen, die noch nicht wissen, was für eine großartige Quelle der Fruchtbarkeit der richtig verwaltete Kompostplatz ist. Sagt man so einem ungläubigen Thomas, daß Leute, die wissen, was guter Kompost wert ist, schon vor mehr als zehn Jahren gut und gern zehn und zwölf Mark für einen Kubikmeter Kompost gezahlt haben, ohne Fuhrlohn natürlich, dann schaut er die Sache wohl etwas anders an. Gutes kann man aber nur erwarten von Dingen, die man mit ein wenig Liebe und Aufmerksamkeit tut. „Das Auge des Herrn macht das Vieh fett", heißt es vielfach im bäuerlichen Deutschland; es muß das Auge des Herrn auch auf der Kompoststatt mit Fürsorge und Wohlwollen ruhen. Ob man etwas bloß so auf einen Haufen wirft, wie es bei den Gärtnern

Das Umsetzen.

meistens geschieht, oder es gleich richtig auseinanderzieht und ordnet, das ist nicht viel Unterschied in der Arbeit, wohl aber in der Wirkung. Je inniger und gleichmäßiger es uns gelingt, die Grundbestandteile des Komposthaufens miteinander zu mischen: pflanzliche Abfälle in bunter Mischung, lehmige Erde, Kalk, tierischen

Stickstoff, Luft und Feuchtigkeit, um so höher ist die Ausbeute an Dauerhumus und an überreichem Bodenleben. Zudem wachsen unsere Komposthaufen so richtig erst im Herbst, wenn draußen die Hauptarbeit getan ist. Dann ist es Zeit, überall aufzuräumen, die Gräben und Weiher und Wegränder zu putzen, das Kartoffelkraut, die Kohlstrünke heimzuführen, die Wege und die Hofstatt abzukratzen und so weiter. Was man von den letzteren an Dreck abzieht, das verwenden wir ebenso wie Grabenaushub und Teichschlamm für die Erdzwischenschichten, wenn unsere Vorratshaufen verbraucht sind.

Wirkliche Arbeit gibt es hier erst im zeitigen Frühjahr, wenn der Komposthaufen eben aufgetaut ist und wenn die Arbeit draußen noch nicht drängt. Dann muß er näm-

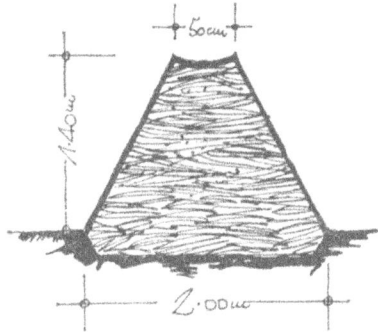

Querschnitt des umgesetzten Haufens.

lich umgesetzt werden, aber nur dies eine Mal. Da ziehen wir mit einem Rechen den Erdmantel, die Haut des großen Regenwurms, wieder herunter und ziehen, schaufeln oder stechen den Haufen von dem Kopfende her, wo wir das Aufsetzen angefangen haben, um die zwei Meter vorwärts, die wir in der Erdmulde leer gelassen haben. Bei diesem Umsetzen wird alles mit dem Krail[5]), mit der Schaufel oder mit der Gabel durcheinandergestochen, gemischt und gelüftet. Was innen war, kommt nach außen, das Untere nach oben. Dabei merken wir, wie gut es war, daß wir das Reisig, das in den Haufen gekommen ist, kurz gehackt haben. Der Haufen kriegt wieder dieselbe Form einer Kartoffelmiete wie vorher und wird wieder allseits mit Erde zugedeckt.

Wenn es dann wärmer wird, wird es in dem Haufen unheimlich lebendig. Unmengen von Regenwürmern arbeiten drin herum, es wurlt von millionen- und milliardenfachem Leben. Einer frißt, was der andere von sich gibt, jeder baut irgend etwas ab oder um oder auf, Strahlpilze wandeln Zellulose und Lignin um in Humussäuren, Bakterien fangen Stickstoff ein und bauen ihn ein in Humus- oder in Salpeterverbindungen; wer seine Arbeit getan hat, stirbt und gibt mit seinem Leichnam neue Eiweißverbindungen und Wirkstoffe in die Masse. In dieser Zeit darf man die Hühner nicht an den Komposthaufen lassen. In wilder Jagd auf Regenwürmer würden sie ihn völlig auseinanderkratzen.

---

[5]) Bairisch „Misthackl" genannt.

Wer da an seinem Komposthaufen einmal sieht, was für eine wunderbare Arbeit diese Regenwürmer im feuchtwarmen schützenden Dunkel verrichten, der wird es nicht mehr für einen schlechten Witz halten, wenn man ihm erzählt, daß in Amerika gar nicht so wenig findige Leute bereits darangegangen sind, Regenwürmer zum Verkauf zu züchten. In amerikanischen Gartenzeitschriften gibt es schon seitenweise Anzeigen, in denen Regenwurmfarmen ihre Erzeugnisse anbieten: 500 ausgewachsene Regenwürmer kosten 3 Dollar! Die kaufen dann Gärtner, deren Böden durch falsche Bewirtschaftung so tot geworden sind, daß keine Würmer mehr in ihnen leben. Solchen Böden ist nicht mehr mit Kunstdünger zu helfen, sondern nur noch mit Lebendigem — am besten natürlich mit gutem Kompost, mit unserm „Kompost neuer Art".

Eines Tages aber wird der aufmerksame Beobachter mit Erstaunen feststellen, daß in dem Haufen kein einziger Regenwurm mehr zu finden ist. Er hat seine Schuldigkeit getan, er ist gegangen, er ist nicht mehr notwendig. Bald darauf ist der Kompost reif zu landwirtschaftlicher Verwendung. Wir lassen die Haufen aber unberührt liegen bis zum nächsten Frühjahr.

Während dieses Jahres muß man darauf achten, daß auf den Haufen nicht zuviel Unkraut wächst; man darf es jedenfalls nicht in Samen gehen lassen. Beim Umsetzen hat man schon darauf gesehen, daß Queckenwurzeln in die Mitte des Haufens kommen, damit sie nicht nach außen durchwachsen können. Am einfachsten hält man das Unkraut kurz dadurch, daß man den Haufen ganz zuwachsen läßt mit Kürbis, den man Mitte Mai obenauf sät. Noch besser sind Zucchine, eine neue Gemüseart, die in der Mitte zwischen Gurken und Kürbis steht. Ihre Früchte kann man von August bis zum Mai des folgenden Jahres in erstaunlich viel-

Hühner weg vom Kompostplatz!

fältiger Weise zubereiten, als Salat, Gemüse, als Auflauf, Schnitzel, als süßes Eingemachtes, als Obst; man kann sie natürlich auch als Viehfutter verwenden, wenn man genug davon hat. Eine Pflanze bedeckt einen bis zwei Quadratmeter Boden. Sie werden gesät wie Gurken oder Kürbis. Wer sie zum Verkauf bauen und früh dran sein will, sät sie auf umgekehrte Rasenstücke ins Frühbeet und pflanzt diese nach den Eisheiligen aus. Man kann die Komposthaufen auch ganz dicht mit einem Leguminosengemisch zuwachsen lassen. Das alles ist kein Verlust an Nährstoffen, wie mancher fürchtet. Je mehr der Haufen durchwurzelt ist, um so lebendiger ist er, um so rascher ist er gar, und was oberirdisch erzeugt wird, ist nicht verloren.

Für bäuerliche Verhältnisse ist es am besten, wenn man den Komposthaufen in einer einzigen mehr oder minder langen Zeile neben einem Fahrweg hin anlegt. Der Haufen wächst an dem einen offenen Kopfende immerzu weiter fort; vom anderen Ende wird der umgesetzte Kompost abgefahren, bis dort soviel Platz geworden ist, daß man wieder von vorn anfangen kann. Für Gärtner, die mehr mit dem Schubkarren arbeiten als mit Fuhrwerk, ist es richtiger, eine Anzahl kurzer Haufen nebeneinander anzulegen. Man setzt in der Grube I auf, in die Grube II um und wirft in die Grube III durchs Sieb. Eine Breite der Haufen von zwei Metern an der Sohle und von einem halben Meter an der oberen Deckfläche hat sich in langer Erfahrung als die beste bewährt. Breitere Haufen reifen zu langsam; schmälere machen mehr Arbeit und trocknen zu leicht aus.

Zucchine.

Bei der Verwendung des Kompostes muß man immer darandenken, daß er mehr als bloßer Dünger ist, nämlich eine besonders reiche Bakterienkultur, ein Bodensauerteig, der die Ackererde richtig „aufgehen" läßt, sie locker, luftig, mürb und lebendig macht. Genau so, wie man das Brotmehl anwärmt, ehe man den Sauerteig zusetzt, so darf man Kompost nicht auf gefrorenen winterlichen Boden streuen, sondern nur auf solchen, der von der Frühjahrssonne bereits angewärmt und eben im Begriff ist, zu neuem Leben zu erwachen. Und man darf ihn nicht austrocknen lassen, sonst stirbt die ganze Kleinlebewelt ab, deren Lebenselement ja feuchtes Dunkel ist. Man darf sie aber nicht einpflügen, um sie in dieses feuchte Dunkel zu bringen, sondern nur eineggen; denn sie muß in den obersten Erdschichten bleiben, im Wurzelbereich der jungen Keimpflanzen. In die Tiefe arbeitet sie sich selber. Auch auf Grünland läßt sich das Kompostausbreiten gut mit Schwarzeggen verbinden, wenn man nicht das Glück hat, daß ein Frühjahrsregen den Kompost in den Boden wäscht.

Wo man auf größeren Höfen zu deren Heil zu ausgiebiger Kompostwirtschaft übergegangen ist, kann man mit dem Ausfahren des Kompostes nicht bis zum richtigen Frühjahr warten. Man fährt mit Schlitten auf die vermutlich letzte dünne Schneedecke in den frühesten Morgenstunden, solange sie noch gefroren ist, und streut den Kompost mit der Schaufel vom Schlitten herunter. Dabei hat man zwei Vorteile: auf dem Schnee sieht man genau, ob gleichmäßig gestreut ist, und der Schlitten macht auf dem gefrorenen Schnee keine Fahrgleise in Acker und Wiese [6]).

Richtiger Kompost ist wegen seines Gehalts an Hormonen, an Wuchs- und Wirkstoffen ein ausgesprochenes Boden-Heilmittel, be-

Das Ausfahren.

sonders bei Bodenmüdigkeit und bei Mangelkrankheiten am Boden und an Pflanzen, die verursacht sind durch das Fehlen winzigster Mengen bestimmter Elemente im Boden, die man Spurenelemente nennt. Von denen enthält Kompost um so mehr, aus je bunterer Mischung [7]) er entstanden ist, ganz besonders dann, wenn in den Haufen Laub und Reisig jener Wildbäume und -sträucher gekommen ist, die von Natur aus auf jeden einzelnen Boden gehören.

Neben Laub- und Wurzelwirkung dieser Sträucher hat die Natur ein noch wirksameres Mittel, um ein durch einseitige Beanspruchung des Bodens verlorengegangenes Lebensgleichgewicht wieder herzustellen: das Unkraut. Alte bäuerliche Weisheit — die etwas völlig anderes ist als unser neuzeitliches verstandesmäßiges „Wissen" — hatte dieses in die Fruchtfolge der Dreifelderwirtschaft mit eingebaut: auf Winterung im ersten Jahr, Sommerung im zweiten folgte

---

[6]) Diesen Rat verdanke ich dem heute 77 Jahre alten Major Karl Stellwag, einem ganz großen „biologischen" Landwirt, der ob seiner Erfolge in halb Osteuropa von Eger bis Warschau und Temesvar berühmt war. Er wirtschaftete in Drum bei Böhmisch-Leipa 30 Jahre lang nur mit Kompost und verkompostiertem Stallmist; er hatte in jedem Frühjahr 300 bis 400 Fuhren Kompost auszufahren. Der brachte ihm 120 cm hohen Rotklee in Hafer und trotzdem niemals Lagerfrucht. Das Gras seiner Wiesen bewältigte keine Mähmaschine und kein Schlepper.

[7]) Das Wort „Kompost" kommt aus dem Lateinischen und bedeutet „das Zusammengesetzte".

im dritten die Brache, das Jahr des Unkrauts. 2o Jahrhunderte lang haben die deutschen Stämme mit dieser Dreifelderwirtschaft ihre Böden gesund und leistungsfähig erhalten — ob uns mit unseren heutigen Arbeits- und Düngeweisen Gleiches gelingt, steht sehr dahin. Der Anbau von Schmetterlingsblütlern, der an die Stelle der Brache getreten ist, ist nicht das gleiche wie diese; er bedeutet Erholung für den Boden, aber nicht Heilung[8]). Da nun der neuzeitliche Landwirt mit allen Mitteln das Unkraut vom Acker fernhält in etwa der gleichen Art, wie der neuzeitliche Müller uns mit den „Verunreinigungen" des Mehls die Vitamine entzieht, müssen wir es mit dem Acker so halten wie mit unserem Körper: was er nicht mehr auf natürliche Art mit und in seiner Nahrung bekommt, muß man aus der Apotheke holen — und die Apotheke des Ackers ist der Komposthaufen, wenn möglichst viel Unkräuter aller Arten in ihm verarbeitet worden sind.

Dieser Vergleich hinkt auch nicht, wenn man ihn noch weiter ausspinnt. Wer auf die neuzeitliche Ackerbauchemie schwört, möchte wohl die Nase rümpfen und meinen, daß mit unserm Mammutregenwurm die alte Dreck-Apotheke wieder auflebt[9]), während doch ein wirklich neuzeitlicher Landwirt solche Stoffe aus der chemischen Fabrik bezieht, wenn möglich sogar synthetisch hergestellt, oder als Bakterien-Reinkulturen aus einem angesehenen Laboratorium. Nun, an Versuchen, die Entwicklung in diese Richtung zu drängen, wird es nicht fehlen, und es wird hinter solchen Erzeugnissen auch entsprechende Reklame stehen. Für den natürlichen Kompost wird sie nicht gemacht, weil an diesem ja niemand etwas verdient außer dem Bauern selber. Für diesen aber sind diese Zeilen hier geschrieben, um ihm einen Hinweis mehr zu geben, wie er möglichst viel in seinem eigenen Betrieb erzeugen und diesen dadurch unabhängiger und krisenfester machen kann. Denn die kommenden Zeiten werden den Zukauf von allem verbieten, was der Hof selber hervorbringen kann.

Aus den hier geschilderten besonderen Eigenschaften des Kompostes neuer Art: Reichtum an Bodenleben, an Wuchs-, Heil- und Wirkstoffen, an Dauerhumus läßt sich die richtige Anwendung in der bäuerlichen Wirtschaft ohne weiteres ableiten:

Solcher Kompost ist ein durch kein anderes ersetzbares Mittel, um toten Boden wieder lebendig zu machen, gleichgültig, wodurch er sein Leben verloren hat, sei es Aushagerung durch Sonne und

---

[8]) Wissenschaftlich ist schon erkannt, daß die Saponine (das sind Wirkstoffe z. B. der Ackermelde) Bodenheilstoffe sind.

[9]) Es ist nicht lange her, daß in sudetendeutschen Apotheken noch Oleum lumbricorum, Regenwurmöl, hergestellt und verkauft wurde!

Wind, sei es Verkrustung als Folge falscher oder übertriebener Salz-düngung, sei es Verdichtung als Folge zu tiefen oder nassen Pflügens, sei es dadurch, daß er lange Zeit mit anderen Massen zugedeckt war, wie es als Folge von Kriegshandlungen soviel geschah, sei es, daß roher Unterboden nach oben gekommen ist, wie etwa beim Einfüllen von Bombentrichtern, Schützengräben, Geschützstellungen, Baustellen. Selbstverständlich muß man auch die Ursachen der Bodenerkrankung beseitigen, also etwa für Windschutz sorgen durch Anpflanzung von Feldhecken, mehr bodendeckende Feldfrüchte anbauen, die Pflugtiefe verringern und dafür den Untergrund lockern.

Sodann gibt es kein Mittel, mit dem man gelben oder rotbraunen rohen Boden rascher dunkel färben kann, als Kompost. Mittels Stall-mist oder Gründüngung erreicht man das entweder überhaupt nicht oder erst in vielfach längerer Zeit, also mit viel mehr Aufwand. Der Grund dafür ist der, daß im Acker für die Bildung von Dauerhumus zuviel Sauerstoff ist, im Misthaufen zu wenig; in diesem fehlt außerdem der Lehm. Jeder Bauer und Gärtner aber weiß, daß die dunkleren Böden allemal die fruchtbareren sind und daß man nur auf dunklen Böden ertragreichen Feldgemüse-, Kartoffel- und Wiesenbau treiben kann.

So ist Kompost der gegebene Dünger für den Feld- und Gartengemüsebau, der hohe Erträge nur auf sehr lebendigen Böden bringt. Manche Gemüsearten, die keinen Stallmist vertragen, wie Karotten, Gelbe Rüben, Schwarzwurzeln, Zwiebeln, oder keinen brauchen, wie Erbsen und Bohnen, bekommen als Dünger überhaupt nur Kompost.

In England sind langjährige Versuche angestellt worden, Kartoffeln nur mit Kompost zu düngen. Es ergaben sich jährlich steigende Erträge und eine unerwartete Widerstandsfähigkeit gegen Krankheiten. Während die Nachbaräcker, die mineralisch ebenso wie die tierisch gedüngten, schwer mitgenommen wurden durch Krautfäule (Phytophtora), blieben die mit Kompost gedüngten vollkommen gesund bis auf ein paar Kontrollpflanzen in nicht gedüngten Reihen.

Sodann ist Kompost der beste, ja der einzig richtige Dünger für junge Obstbäume, die noch nicht stark tragen. Er gibt ein kerniges gesundes Wachstum, das von selbst widerstandsfähig macht gegen Schädlinge und Krankheiten. Mit Mist oder gar Jauche gedüngte junge Bäume wachsen geil und mastig heran und haben deshalb ein lockeres Holz- und Rindengewebe. Dadurch aber sind sie viel anfälliger für Schädlinge und können Frost und Hitze nicht gut widerstehen. Dem Wesen des Weinstockes entsprechend, der ursprünglich eine im Humus wurzelnde Waldpflanze ist, muß sich Kompost im Weinbau besonders gut bewähren.

Vor allem aber kann man das Grünland mit Kompost ganz vollwertig abdüngen. Dies ist in Betrieben, die viel Land unter dem
Pflug haben und für dieses allen Mist brauchen, seit Jahren aufs Beste
erprobt worden. Man bekommt dabei ein gesünderes und würzigeres
Futter, mehr Bodengräser und Kleearten. Denn es bleiben bei so
milder und vielseitiger Düngung viel mehr von den angestammten
feinen Wildkräutern und -gräsern mit ihrem großen Heilwert erhalten. Düngung mit Stallmist und Jauche, besonders aber mit Gülle,
vermehrt gerade die groben Kräuter mit all den schlimmen Folgen,

Das Ausstreuen des Kompostes vom Wagen aus.

die wir oben beschrieben haben. Vom Wiesenkerbel darf man sogar
annehmen, daß er es ist, der die nichtseuchenhafte Unfruchtbarkeit
der Kühe verursacht, die bei Güllewirtschaft so leicht auftritt. Diesen
schweren Nachteil, welcher der sonst so bequemen Düngung mit
Gülle anhaftet, könnte man sicher vermeiden, wenn man zum reifen,
vergorenen Odel in das Verteilungswasser nicht Mist gäbe, sondern
einen völlig verrotteten Kompost, in dem keine sperrigen Teile mehr
sind; allenfalls müßte man ihn vorher durch ein Sieb werfen. Gegenüber der heutigen Arbeitsweise ist schon viel gewonnen, wenn man
den Mist nicht von Anfang an in die Jauche gibt, wo er nicht verrotten, sondern nur verfaulen kann, sondern ihn zusammen mit einem
Zehntel lehmiger Erde erst an der Luft verrotten läßt und nur zum
Ausbringen, Verdünnen und Verteilen in die Mischgrube wirft.
Wo diese Arbeitsweise schon versucht wurde, waren nach wenigen
Jahren die Böden wieder gesund, verschwanden die groben Kräuter
und stieg der Milchertrag ganz bedeutend. So einfach ist es, die
großen Vorteile der Güllewirtschaft — das bequeme arbeitsparende
Ausbringen besonders in bergigem Gelände — zu behalten und die
Nachteile — die von Jahr zu Jahr zunehmende Erkrankung von Boden, Futter, Vieh und Milch — zu vermeiden.

27

Von Weiden, die mit Kompost gedüngt sind, bricht das Vieh nicht aus; es weitet die Grasnarbe sauber und gleichmäßig ab.

Damit ergeben sich etwa folgende Regeln für die Verwendung des Kompostes in der bäuerlichen Wirtschaft:

| | |
|---|---|
| für das Grünland: | Kompost und vergorene Stalljauche; |
| für Feldgemüse: | Kompost allein oder Kompost und ganz verrotteter Stallmist; |
| für Obstbäume: | junge bekommen nur Kompost; ältere, gut tragende erhalten Kompost und ganz verrotteten Stallmist; |
| im Weinberg: | Kompost und verrotteter Stallmist; |
| allgemein: | Kompost in alle ausgehagerten, humusarm gewordenen Böden, die dadurch mit Verwehung und Abschwemmung bedroht sind, und auf rohes Neuland. |

Es wird immer viel gefragt, was man mit der Asche machen soll, die im Hof anfällt. Nun: Steinkohlen- und Braunkohlenasche kommt in den Komposthaufen; er kann viel davon verarbeiten, wenn sie in dünner Schicht zugegeben wird. Die viel wertvollere Holzasche tut natürlich auch im Kompost ihre gute Wirkung; aber dafür ist sie eigentlich zu schade. Was nicht im Haus verbraucht wird zum Waschen und zum Putzen von Holzgerät, von Tischplatten und Fußböden, das kommt am besten als Kopfdünger auf den Klee oder auf die Luzerne. Einen Teil muß man auch aufheben für den Gemüsegarten. Dort steht ein kleines Faß; in das kommt Hühnermist und gleichviel Holzasche; es wird aufgefüllt mit Wasser. Das rührt man alle Tage um und läßt es so zwei Wochen lang gären. Dann gibt man in jede Kanne Wasser, mit der man die Gemüsepflanzen gießt, einen bis zwei Liter von der Brühe. Mit dieser ganz dünnen Lösung düngt man die Gemüse, die viel Bodennahrung brauchen. Die Erde aber muß naß sein; bei trockenem Wetter muß man also vorher erst mit reinem Wasser gießen. Das macht man während der Hauptwachstumszeit alle acht Tage, am besten jeden Samstag Abend. Oft, aber ganz fein düngen, gibt das beste und zarteste Gemüse.

Nun muß man daran denken, daß in der Zukunft gerade der gut geleitete Bauernbetrieb sich stark gärtnerisch betätigen wird. Gestern war es leicht, alles Feldgemüse, ob es gut oder minderwertig war, an die hungernden Städter zu verkaufen. Es kommt aber der Tag, wo nur der sichere Abnehmer haben wird, der den Wettbewerb mit dem holländischen und dem italienischen Gemüse aushalten kann. Dann wird derjenige, der mit frischem Odel oder gar mit der Häuslsuppe

(Latrine) oder mit städtischem Abwasser gedüngt hat, auf seinen Krautköpfen sitzen bleiben, weil sie aus dem Kochtopf stinken oder weil man Würmer kriegt, wenn man einen Salat davon macht. Nur wer dann guten Kompost und ganz verrotteten Mist hat, mit dem er sein Feldgemüse düngt, der behält sichere Kundschaft und braucht den italienischen Karfiol nicht zu fürchten, der mit dem pozzo nero [10]) gegossen worden ist.

Mit dieser Feststellung sind wir auf ein schwieriges Gebiet gekommen. Es ist in vielen Gegenden Deutschlands, Frankreichs, Italiens üblich gewesen, das Gemüse mit Latrine (Fäkalien), das heißt mit dem Inhalt der Abortgrube, zu düngen. Die armen Leute, die kein Vieh haben, und die Kurzsichtig-Habsüchtigen tun das heute noch. Nachdenkliche, denen bei dieser Art Düngung doch nicht ganz wohl ist, fragen, was sie denn sonst mit dem so lästigen Inhalt der Grube tun sollen; Fanatiker wollen auf die restlose Verwertung aller menschlichen Abgänge die Nahrungsfreiheit des deutschen Volkes gründen. Ihre Gegner, zu denen ich mich bekenne, wollen Latrine zur Erzeugung menschlicher Nahrung ganz grundsätzlich nicht verwendet wissen. Es ist hier nicht der Ort, diese schwierigen Fragen so zu erörtern, wie es notwendig wäre, um sie eindeutig zu klären; das gäbe eine ziemlich große Abhandlung für sich. Wir wollen hier bei der reinen Praxis bleiben und stellen fest:

Latrine (Häuslsuppe) ist ein sehr wirksamer Dünger, besonders für blattreiche Gewächse. Er gibt rasch viel Masse — aber geile Masse ohne inneren Wert. Mach eine Probe: dünge Deine Obstbäume mit Latrine — und die Äpfel werden Dir schon oben am Baum von innen heraus verfaulen. Mit Fäkalien gedüngtes Gemüse hält sich nicht, es läßt sich nicht einwecken, es stinkt aus dem Kochtopf. Bekannt ist die Geschichte von dem Mann, der mittags heimkommt und lospoltert, man solle doch die Haustüre zumachen, solange die Grube geräumt wird. Es war aber nur der Blumenkohl in der Küche.

Nun gibt es nicht wenig Gemüseerzeuger, die das nicht stört, weil sie nur das mit Latrine düngen, was sie verkaufen, das Gemüse für den eigenen Tisch aber besser behandeln. Die müssen aber unter den heutigen Verhältnissen damit rechnen, daß sie einmal ein Kunde anklagt wegen fahrlässiger Körperverletzung, allenfalls sogar mit Todesfolge. Denn alle Latrine ist heute verseucht mit Milliarden von Eiern verschiedener Eingeweidewürmer. Sie sind zum größten Teil aus dem Osten eingeschleppt worden. In manchen Städten, wo Gemüse mit Abwasser gedüngt wird, hat aber immer schon fast jeder Einwohner jeden Tag eine Million Wurmeier ausgeschieden. Die

---

[10]) pozzo nero = Latrine.

kommen bei so übler Düngung auf das Gemüseland, wo sie sehr lange lebensfähig bleiben. Vom Boden hochspritzende Regentropfen bringen sie auch an oberirdische Gemüseteile. Sie lassen sich nicht abwaschen. Mit Rettichen, Radieschen, Karotten, Salat, Gurken usw. gelangen sie in den Menschen wieder zurück und wachsen in dessen Darm zu neuen Wurmmassen aus. In den letzten Jahren waren bis zu 85 v. H. der deutschen Bevölkerung von Eingeweidewürmern befallen. Diese verbrauchen ein Zehntel der so schon zu knappen Nahrung des Menschen für sich. Ihre Ausscheidungen wirken auf viele ihrer Wirte als Gift. Nicht wenige von diesen, besonders Kinder, sind gestorben, weil ihr Darm durch faustgroße Klumpen von lebenden und toten Spulwürmern verstopft war, oder sind gerade noch durch eine Operation gerettet worden.

Mit roher Latrine gedüngtes Gemüse ist also nicht nur minderwertig — was es immer schon war —, sondern seit dem letzten Krieg auch gesundheitsschädlich, im einzelnen schlimmen Fall sogar lebensgefährlich. (Zu Beginn der Typhusepidemie 1948 in Neuötting am Inn war dort an einem Sonntag Firmung. Von den Festgästen, die in einer Wirtschaft grünen Salat gegessen hatten, bekamen über 40 Typhus und trugen die Seuche weit über die Stadt hinaus!) Solche Düngung muß in Zukunft im Garten- ebenso wie im Feldgemüsebau aufhören. Mit Latrine kann man allenfalls Viehfutter düngen, Wiesen oder Futterrüben; denn die vom Menschen kommenden Würmer gehen auf das Vieh nicht über. Man könnte vielleicht etwas Latrine als Stickstoffquelle in jenen Komposthaufen geben, der für das Grünland bestimmt ist. Aber wer Vieh hat, hat auch Jauche. Nur in Kleinbetrieben, vor allem in jenen vernünftigen Gärtnereien, die sich den notwendigen Bedarf an Stallmist dadurch sichern, daß in ihnen ein paar Kühe und Schafe gehalten werden, kann man einen Teil des Inhalts der Abortgrube durch einen Komposthaufen laufen lassen und diesen auf das Grünland geben; der Rest kommt im Winter unter die Hecken. Der Kleingärtner kann seinen Bedarf an Stickstoff für Kompost und Beete ganz aus dem Karnickel- und dem Hühnerstall decken. Er muß die Karnickeljauche in einem Kübel auffangen; sie kommt auf den Kompost. Wer kein Kleinvieh hat, gibt in den Kompost gedämpftes Hornmehl, ein bis zwei Kilogramm auf den Kubikmeter.

Nach dieser Abschweifung, die wirklich nicht unwichtig ist, gehen wir wieder zurück zur normalen bäuerlichen Kompostwirtschaft.

Die Angst, daß man durch Kompost Unkraut aufs Land bekommt, ist übertrieben. Unkrautsamen ist ohnehin in jedem Boden genug. Wenn Unkraut stark wächst, dann ist das ein Zeichen dafür, daß der

Boden einseitig beansprucht oder sonstwie nicht im Gleichgewicht ist. Ihm dieses wiederzugeben, gibt es aber kein besseres Mittel als eben Kompost. Auch pilzkrankes Zeug kann man ruhig in den Komposthaufen tun. Die ungeheure Masse und Überzahl der gesundmachenden Pilze und Bakterien im Haufen bringen die krankmachenden genau so sicher um wie das sonst empfohlene Verbrennen oder Eingraben.

In dem Kompost ist dem Bauern die Möglichkeit gegeben, die wirtschaftseigene Düngergrundlage seines Hofes mehr als zu verdoppeln und auch in ihrer Wirkung zu verbessern. Diese Mehrung kostet nichts; sie wächst von selber zu, aber nur dem, der offene, komposthungrige Augen hat. Was so einer aber zusammenbringt, darüber kann man nur staunen. In meinem eigenen Garten, in dem viel Blumen sind, Hecken, Wild- und Obstbäume, ein wenig Wiese und Gemüsegarten, da gewinne ich Jahr für Jahr unter städtischen Verhältnissen, also ohne jede Zufuhr von draußen, auf je 200 Quadratmeter Fläche einen vollen Kubikmeter Kompost. Mit diesem werden alle Flächen nach einem Jahr abgedüngt, der Gemüsegarten natürlich am stärksten; dieser bekommt noch eine kleine Zubuße von verrottetem Pferdemist. So habe ich fünfzehn Jahre mit steigendem Erfolg gewirtschaftet; der Garten hat unter Wissenden in seiner Schönheit, Wüchsigkeit und Gesundheit als ein Wunder gegolten, bis er mir von üblen Zeitgenossen zerstört wurde.

Bei der Wiederherstellung habe ich eine unerwartete Feststellung gemacht. Der Garten war angelegt auf einem ziemlich toten, gelben sandig-steinigen Lehmboden. Große Beete sind bepflanzt worden mit ausdauernden Blütenstauden (Perennen). Gärtnerisch geschahen auf diesen Flächen nur zwei Dinge: im Herbst wurde alles Oberirdische abgeschnitten und auf den neuen Komposthaufen gebracht; im Frühjahr wurden die Beete ganz dünn mit einjährigem Kompost vom vorjährigen Haufen bestreut. Der Boden selbst wurde nie bearbeitet, der Kompost also nicht eingehackt, sondern den natürlichen Kräften von Regen, Pflanzen und Tieren überlassen. Beim Nachgraben ergab sich nun, daß der Boden ganz von selbst bis auf 30 cm Tiefe aus gelbem Lehm in Schwarzerde sich verwandelt hatte. Die Steine, die früher fest in Lehm eingebacken waren, lagen nun lose im schwarzen Mutterboden.

Kompostwirtschaft neuer Art hat aber auch im allergrößten Maßstab sich bewährt. Beim Bau der deutschen Autobahnen habe ich etwa 400 000 cbm Kompost machen lassen aus allem, was an den Baustellen eben anfiel: Gras, Waldstreu, Heidekraut usw. Die Mittelstreifen und seitlichen Böschungen an den 4000 km langen ganz oder halb fertig gewordenen Strecken wurden begrünt ohne ein Gramm Kunstdünger und ohne der Landwirtschaft auch nur eine Schaufel Stallmist oder ein Faß Jauche zu entziehen (in die Komposthaufen wurde als tierischer Stickstoff Hornmehl gegeben); es wurde mit Kompost allein ein Erfolg erzielt, der den Neid aller an den Baustrecken wohnenden Bauern erregte. Die Grünstreifen, die nur bei der Ansaat Kompost bekommen hatten und dann absichtlich nie mehr gedüngt wurden, waren nach 12 Jahren immer noch zweimähdig.

Diese beiden Erfahrungen, die bescheidene eigene und die ganz große, mögen beweisen, daß hier nicht Theorie vorgetragen wird, sondern in praktischer Anwendung seit 1930, in manchen Gutsbetrieben und Bauernwirtschaften sogar schon länger Erprobtes. Kurzsichtig aber wäre es, würden wir uns mit den über Entstehung, Wesen und Wirkung des Kompostes neuer Art gewonnenen Erkenntnissen begnügen und nicht versuchen, sie auch auf die bisher übliche organische Düngung mit Stallmist und Gründüngungspflanzen zu erweitern.

Es ist hier mehrfach betont worden, daß Stallmist und Gründüngung in längstens drei Jahren aus dem Acker wieder ausgewaschen werden überall dort, wo das Maß der Niederschläge das der Bodenverdunstung übersteigt. Deshalb entsteht natürliche Schwarzerde nur in Trockengebieten, wo das aufsteigende, dann verdunstende Bodenwasser stärker ist als das zum Grundwasser hinströmende Niederschlagswasser; auch dort nimmt der Vorgang lange Zeit in Anspruch. Sind Grünpflanzen und Stallmist einmal im Boden, so entstehen aus ihnen nur wasserlösliche Humussäuren, kein Dauerhumus[11]). Denn sie liegen zu dünn verteilt, von zuviel Sauerstoff umgeben. Wer also nicht untätig zuschauen will, wie alljährlich ein so großer Teil der mit soviel Mühe und Kosten erzeugten organischen Dünger nutzlos in den Untergrund absinkt, der muß versuchen, schon oberhalb des Erdbodens einen möglichst großen Anteil in Dauerhumus zu verwandeln dadurch, daß er das hier für Kompost angegebene Verfahren auch auf Mist und Gründüngungspflanzen anwendet.

Er wird also Gründüngungspflanzen nicht unterpflügen, sondern mähen oder abfrieren lassen, in Streifen am Ackerrand zusammenziehen, zu Komposthaufen aufsetzen, diese impfen mit ein paar Schaufeln reifem Kompost von den Haufen daheim hinter dem Hof, wird sie mit Jauche tränken und erst nach einem halben oder ganzen Jahr wieder ausbreiten und eineggen. Dieses Mehr an Arbeit macht

---

[11]) In kalkhaltigen Böden wird Gründüngung schon innerhalb zweier Monate vollständig zu Kohlensäure abgebaut, ohne daß überhaupt Humus entsteht.

sich sehr bezahlt, weil ja solche Humusdüngung viel länger im Acker bleibt, also nicht so oft wiederholt werden muß wie die seither übliche. Wer trotzdem Gründüngungspflanzen unterpflügen will wie bisher, der soll wenigstens die eine der neuen Erkenntnisse anwenden, die ihm hier vermittelt werden: zu richtiger Verrottung pflanzlicher Massen ist tierischer Stickstoff notwendig! Er soll also die Gründüngung vor dem Unterpflügen mit Jauche überfahren. (Genau das gleiche tut er vernünftigerweise auch beim Umbruch von Wiesen!) Damit verhütet er die eigentümliche, als „Stickstoffsperre" bezeichnete Erscheinung, daß die zur Verarbeitung der Gründüngungspflanzen aufgerufenen Bodenpilze und -bakterien zunächst allen im Boden vorhandenen Stickstoff an sich reißen, um sich für die große Arbeit auf- und ausrüsten zu können, die sie leisten sollen. Oder volkstümlicher gesagt: man kann von einem Acker nicht verlangen, daß er diese Massen von grünen Pflanzen verarbeitet und verdaut und gleichzeitig neue Ernte schafft. Wenn sich ein Mensch gerade den Bauch mit fettem Schweinefleisch und Sauerkraut vollgeschlagen hat, dann kann er sich auch nicht sofort an den Schreibtisch setzen und eine hochgeistige Arbeit schreiben oder sonst etwas recht Menschenwürdiges tun.

Der übliche Stallmisthaufen unterscheidet sich von unserm Komposthaufen neuer Art dadurch, daß in ihm zu wenig oder gar keine Luft ist und kein Lehm und daß er im Verhältnis zum tierischen Stickstoff im allgemeinen viel zu wenig pflanzliche Masse, also Einstreu enthält. Nur wer dieses letztere Mißverhältnis gründlich ändert, wer also reichlich mit Stroh einstreut, der schafft die unerläßliche Voraussetzung für Gesundheit im und auf dem Acker und im Stall. Mit dem Stroh kommt von selber mehr Luft in den Misthaufen; fehlt nur noch der Lehm. Von dem muß immer ein Vorrat neben der Miststatt liegen. Der tägliche Anfall an Mist wird nicht hoch aufgestapelt, sondern nur 20 cm hoch flach ausgebreitet und mit der lehmigen Erde fingerdick überstreut. Wo es sehr viel regnet, muß man dafür sorgen, daß auch von unten her Luft in den Haufen kommt; man baut dort den Mist auf einem Rost von Fichten- oder noch besser von Föhren- oder Lärchenstangen auf, der gut handbreit über dem Boden der Miststatt liegt. Dieser letztere braucht nicht aus Beton zu sein; über einem Lehmschlag verrottet Stallmist mehr als eineinhalbmal so schnell wie über Beton. Wo die Miststatt so groß ist, daß man mit dem Wagen muß durchfahren können, bettet man in den Lehmschlag Rundstangen ein in der Art eines Knüppelwegs. Zeigt es sich, daß die oberen äußeren Kanten des Miststapels zu sehr austrocknen und dadurch schimmeln, dann macht man die Seitenwände nicht senkrecht, sondern schräg wie beim Kompost, und schöpft außerdem ab und zu Jauche darüber.

Solchen Mist verwendet man erst, wenn er ganz verrottet ist. Ist die Miststatt nicht so groß, daß er dort ausreifen kann, dann wird er am Rand des Ackers oder der Wiese, wo er ausgebreitet werden soll, nocheinmal aufgesetzt und mit Erde abgedeckt — mit dieser Haut, die notwendig ist, damit möglichst viel von dem Inhalt zu Dauerhumus und zu einer reichen Bakterienkultur wird.

Es ist gesunde Bauernart, mißtrauisch zu sein gegen solche „neumodischen" Ratschläge und zu warten, bis ein anderer sie ausprobiert hat. Viele werden das Beifahren von lehmiger Erde scheuen, und das ist meist das Schwierigste an diesem Verfahren. Wer aber einmal den Erfolg gesehen hat, der macht sich diese Mühe. Das hat mir drastisch ein niederbayrischer Bauer erzählt. Er hatte in der hier geschilderten Art, die im Kern eine urbäuerliche, aber in Vergessenheit geratene ist, seinen Stallmist mit Erdzwischenschichten aufgesetzt, war aber im Herbst nicht mehr zum Ausfahren gekommen. Bis zum Frühjahr war der Mist so wunderbar verrottet, daß er ihn nicht mehr mit der Gabel ausbreiten konnte, sondern die Schaufel nehmen mußte. Bei dieser Art der Mistbereitung wollte er bleiben „und wenn i den ganzen Hof abgraben muaß, daß i das Kout (die lehmige Erde) herbring!"

(Wenn in vergangenen Jahren in manchen Gegenden Deutschlands der beste Mist preisgekrönt worden ist, dann war es in abgelegenen Dörfern immer solcher, der in altväterischer Art mit Erde aufgesetzt worden war.)

Mißtrauen muß aber keinen hindern, einen Versuch zu machen. Bau Dir einmal einen Misthaufen von ein paar Fuhren in dieser neuen Weise auf. Und dann dünge damit nach dem ersten Schnitt eine Wiese, die recht voll ist mit Kälberkropf, Wiesenkerbel und Kohldisteln. In längstens drei Jahren ist der Scharling verschwunden und hat guten Untergräsern und Klee wieder Raum gegeben. Und auf einem Stück Deines Kartoffelackers legst Du Deine Pflanzkartoffeln nicht in frischen Mist wie sonst, sondern in solchen mit Erde verrotteten. Und dann schaust Du, wo die Kartoffeln mehr abbauen, wo mehr Schorf ist, mehr Krautfäule, mehr Kartoffelkäfer! Ich weiß, wie Du von da ab Deinen Stall einstreuen und Deinen Mist aufsetzen wirst — nämlich genau wie der niederbayrische Bauer von vorhin!

Nur einem, der noch nicht umgelernt hat, der noch in gestrigen rein chemischen Vorstellungen befangen ist, wird es auffallen, daß der bloße Versuch besseren, dauerhafteren und deshalb wirtschaftlicheren Mist zu machen, Umstellungen im ganzen Betrieb verlangt.

Wer schon ein wenig eingedrungen ist in die großen und doch so einfachen Zusammenhänge alles Lebendigen, den wundert das nicht. Die reine Grünlandwirtschaft ist ebenso ein ungesunder, weil einseitiger Spezialbetrieb wie etwa eine viehlose Saatzuchtwirtschaft. Sie könnte wohl als reine Weidewirtschaft auf die Dauer bestehen. Sobald man aber vom Vieh über die bloße Nachzucht hinaus noch hohe Milchleistung verlangt und damit zur Stallhaltung und der dadurch ermöglichten starken Düngung übergeht, dann muß man den zu engen Kreislauf Kuh-Gülle-Gras-Kuh, diese „Kurzschlußdüngung" aufbrechen durch Einschaltung des Ackers mit seinem hohen Ertrag an Stroh. Glaube keiner, daß das bloße Theorie ist. Es ist mir ein sehr eindrückliches Beispiel aus der Schweiz bekannt, wo ein mustergültig geführter Grünlandbetrieb durch plötzlich auftretende nichtseuchenhafte Unfruchtbarkeit, die eine Folge der starken Gülledüngung war, mit einem Male vor dem Untergang stand. Starke Zufütterung von Stroh, starke Einstreu von Stroh und eine Behandlung des Mistes, wie sie hier geschildert ist, heilten den Schaden in einem Jahr völlig aus.

Wir müssen übrigens die Möglichkeit ins Auge fassen, daß das Nebeneinander von Mist- und Kompostdüngung, wie es hier beschrieben ist, sich weiter entwickelt und daß auch bei uns eine Art der Düngerzubereitung sich durchsetzt, die in England mit erstaunlich guten Erfolgen angewendet wird. Dort wird nach dem Beispiel tüchtigster Landwirte, deren hervorragendes Können im ganzen Land anerkannt ist, überhaupt kein Mist mehr aufgesetzt. Der Anfall von Stallmist wird zusammen mit mindestens fünfmal so großer Menge an Einstreu, Abfällen, Unkraut, Grabenaushub und so weiter verkompostiert und dieser Kompost so oft — mit Hilfe eigens dazu gebauter kleiner Greiferkrane — umgesetzt, daß er in drei bis vier Monaten verrottet ist. Ein Teil von diesem Kompost gilt als düngermäßig so wertvoll wie zwei Teile des bisher üblichen Mistes — kein Wunder, daß diese Betriebe alles Land vollwertig abdüngen können und überhaupt keinen Kunstdünger mehr verwenden.

Jeder Bauer, der sich entschließen kann, meinen Ratschlägen zu folgen und mit Kompost und Mist zu düngen, die nach der hier gegebenen Anweisung zubereitet sind, der wird feststellen, daß seine Böden von Jahr zu Jahr gesünder werden, also auch gesündere Pflanzen tragen, die weniger anfällig sind für Krankheiten und Schädlinge; er wird feststellen, daß diese Gesundung übergreift auf den Viehstall, und wird sich nach ein paar Jahren ausrechnen können, daß er die Arbeit, die er sich mit Kompost und mit Beifahren von Erde zur Miststatt gemacht hat, an der Rechnung des Tierarztes einspart. Er wird besseren Mist bekommen, der die Gesundung von

Boden und Pflanzen wieder ein Stück vorwärts bringt, und er mag schließlich merken, daß das letzte Glied dieser Reihe des Lebendigen, der Mensch selber, von dem Kreislauf sich stets mehrender Gesundheit nicht ausgeschlossen ist.

Nun blicken wir noch einmal auf die ganze bisherige Düngerwirtschaft zurück: Von gewissen Handelsdüngern, wie Hornmehl, Blutmehl, Knochenmehl und so weiter abgesehen, die schon ihres hohen Preises halber nur für Gärtner in Frage kommen, kann der Bauer mit vier Arten von Dünger arbeiten: mit Stallmist, Gründüngungspflanzen, Kompost und Mineraldünger. Die ersten drei macht er selbst, Kunstdünger kostet Geld. Er wird ihm reichlich angepriesen von denen, die an ihm Geld verdienen. Stallmist ist der selbstverständliche Dünger, so selbstverständlich, daß man fälschlich annimmt, es wäre nichts mehr über ihn zu sagen. Gründüngung ist leider nicht so selbstverständlich, wie sie es sein sollte. Alle diese drei Düngerarten aber geben, in der bisher üblichen Art verwendet, nur Ertrag, nicht Fruchtbarkeit. Fruchtbarkeit schafft nur der richtig zubereitete Kompost. Denn der schafft Dauerhumus und damit Bodenleben.

Kunstdünger regt das Bodenleben gewaltig an und beschleunigt dadurch den Abbau aller humusbildenden Substanzen im Boden. Dieser verarmt also an Humus, seine Fruchtbarkeit nimmt bei einseitiger Mineraldüngung ab. Genau so wirkt Kalk; er gibt hohen Ertrag auf Kosten des Humusvorrats. Daher kommt der alte Spruch: Kalk macht reiche Väter und arme Söhne, und das Wort „ausgemergelt", das jetzt so vielfach in falschem Sinn gebraucht wird, bedeutet, daß zu starkes oder zu lang fortgesetztes Kalken den Boden um seinen Humusgehalt und damit um seine Fruchtbarkeit bringt. Aus Gründüngung entsteht nur soviel Dauerhumus, wie die Bodentiere in der kurzen Zeit, in der sie im Boden liegt, von ihr fressen und verdauen können. Sie kann den Humusvorrat des Bodens bestenfalls erhalten, aber nicht vermehren. Sie gibt also auch nur Ertrag, nicht Fruchtbarkeit. Das Gleiche gilt für den Stallmist in der bisher üblichen Zubereitung. Auch mit starker Stallmistdüngung kann man gerade noch das letzte eine Prozent Humusgehalt des Bodens vor dem Verschwinden bewahren, besonders wo nebenher noch Kunstdünger gestreut wird und damit auch gekalkt werden muß; aber man kann so nicht den Humusgehalt des Bodens auf jene drei Prozent bringen, die zu seiner Gesundheit nun einmal notwendig sind. Also schafft auch Stallmist alter Art nur Ertrag, nicht Fruchtbarkeit. Die gibt allein der rechte Kompost und der mit lehmiger Erde verkompostierte Mist.

Erst wenn sich der Bauer und Landwirt diesen Unterschied zwischen **Ertrag** und **Fruchtbarkeit** ganz klar macht, erkennt er den besonderen Wert des Komposts und kann er sich ausrechnen, wie sehr sich die Arbeit bezahlt macht, die er mit ihm hat.

Seit einundeinhalb Jahrzehnten nehmen die Sand- und Staubstürme in Deutschland immer mehr zu. Die alljährlich angerichteten Schäden gehen schon hoch in die Millionen. Eine Ursache dafür ist die Beseitigung des natürlichen Windschutzes, den Feldhecken, Baum- und Buschreihen früher gebildet haben; eine zweite ist der Wandel unseres

Die **Freude** am Feuermachen.

Klimas von einem beiläufig kühl-feuchten zu größeren Gegensätzen von Dürre und Hochwasser, Hitze und Kälte. Diese beiden Tatsachen könnten sich aber nicht so verheerend auswirken, hätten nicht unsere Böden als Folge der jetzt bald hundert Jahre üblich gewesenen Art der Düngung mehr als die Hälfte ihres Humusgehaltes verloren. Das hat sie verwehbar und auch abschwemmbar gemacht. In den letzten Jahren mußte mancher Bauer zu seinem Entsetzen feststellen, daß langer schwerer Regen, der früher seinem Acker keinerlei Schaden getan hat, nun den Boden mitnimmt.

Es ist viel weniger Arbeit, zur rechten Zeit Kompost herzustellen und mit ihm die gefährdeten Böden wieder verwehungs- und abschwemmungsfest zu machen, als Fuder um Fuder verwehten Bodens aus Gräben und Mulden auszuheben, von Wiesen und Straßen zusammenzukratzen und auf den Acker wieder zurückzufahren, von dem, was Bäche und Flüsse in Seen und ins Meer getragen haben, ganz zu schweigen.

Den richtigen Bauern muß es ansprechen, daß meine Vorschläge so viel einfacher, so viel bäuerlicher sind als alle die Kunststücke, die man in den letzten Jahrzehnten mit dem Stallmist gemacht hat. Sie verlangen keinen Beton, keine Seitenwände, keine Silos, keine Aufzüge, keinen Maurer, keinen Zimmerer, keinen Schlosser. Sie kommen aus mit den urbäuerlichen Baustoffen Lehm und Holz in einer Verarbeitung, die jeder selber machen kann. Es gibt keine Patente, keine Fabrikgeheimnisse; alles, was notwendig ist, wächst dem Bauern von selber zu. In dieser Rückkehr vom Mechanischen weg zum Natürlichen, von der landwirtschaftlichen Fabrik, die soviel Gestrigen noch als Zukunftsideal vorschwebt, zum Bauernhof liegt ein Teil jenes Umdenkens, jener Umkehr, von dem ich am Anfang dieser Fibel gesprochen habe.

Aber auch manche urbäuerliche Gewohnheit muß aufgegeben werden. So die Freude am Feuermachen. Ein Bauer, der Kompost haben will, darf nicht mehr zulassen, daß auf seinem Hof oder Acker irgend etwas verbrannt wird, was nicht wirkliches Brennholz ist. Im Rauch eines jeden Kartoffel- und Wiesenfeuers fliegt die Fruchtbarkeit seines Bodens, fliegt sein eigenes Geld davon. Alles, was der Boden hervorgebracht hat und was nicht in der Wirtschaft des Hofes verbraucht oder aus ihm hinausverkauft wird, muß wieder in den Boden zurück, umgewandelt in Kompost. Als solcher aber wird es ein sich immer erneuernder Quell der Gesundheit und damit der dauernden Fruchtbarkeit der bäuerlichen guten Erde.

Aus der Reihe **TECHNIKA** Bücher der Praxis

befinden sich in Vorbereitung:

DR. KLAUS GÄBELEIN
### Essenzen und Aromen

\*

DR. BEATRIX HOTTENROTH
### Pektine und ihre Verwendung

\*

HANS STEIERL
### Tablettieren und Dragieren

\*

DR. MARGARETHE HAASE
### Konservieren in Großküche und Haushalt

\*

DR. WERNER BÖTTICHER
### Pilzverwertung und Pilzkonservierung

\*

DIPL.-ING. RUDOLF HEINDL
### Vermessungstechnische Instrumente

\*

DR. FRIEDRICH KLEMM
### Das Auffinden technischer Literatur

\*

VERLAG VON R. OLDENBOURG, MÜNCHEN